LA CLÉ DE LA SCIENCE.

BREST. — Imp. d'ÉDOUARD ANNER,
rue St.-Yves, 32.

LA CLÉ DE LA SCIENCE,

ÉTUDES SOCIALES,

ADRESSÉES AU FUTUR MODÉRATEUR DE LA RÉPUBLIQUE FRANÇAISE,

PAR LOUIS ROUSSEAU.

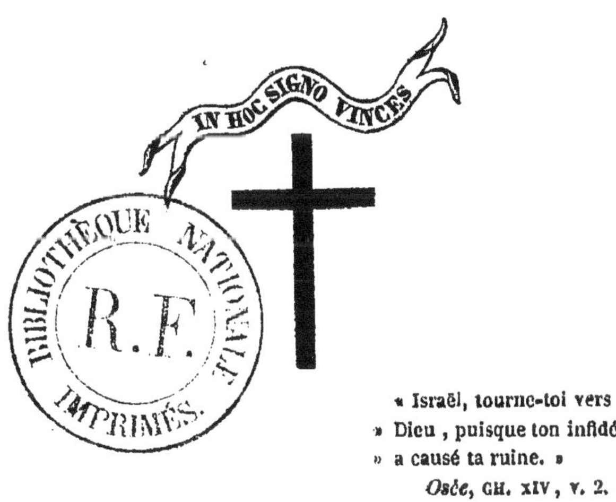

« Israël, tourne-toi vers ton
» Dieu , puisque ton infidélité
» a causé ta ruine. »
Osée, CH. XIV , v. 2.

PARIS,

WAILLE, LIBRAIRE-ÉDITEUR, RUE CASSETTE, 6 ET 8.

—

BREST.

ÉDOUARD ANNER, LIBRAIRE-ÉDITEUR, RUE SAINT-YVES, 32.

—

1848.
1849

A Monsieur l'Abbé PICART, Curé de l'île d'Ouessant.

MON RESPECTABLE AMI,

A une époque où les grandes questions d'ordre social
qui s'agitent aujourd'hui dans le monde n'avaient pas
encore accès dans le temple des lois humaines, vous
avez su en apprécier l'importance, et elles ont fait souvent l'objet de nos causeries intimes, non-seulement de
vive voix, quand j'étais votre paroissien, mais par correspondance, depuis qu'à mon grand regret plusieurs lieues
de mer nous séparent. Vous pensez que le moment est
venu, où il serait utile de publier les principes que vous
m'avez entendu professer, en matière d'organisation politique ; notre poète chrétien Hippolyte Violeau, sans s'être
entendu avec vous à cet égard, m'exprime le même désir;
cette coïncidence d'avis entre deux hommes que j'estime
autant que je les aime, ne me laisse pas d'alternative :
j'obéirai, quel que soit d'ailleurs mon sentiment personnel qu'il est superflu de faire connaître ici. Dieu merci !
il ne s'agit pas d'une œuvre à prétention littéraire, sinon
je me serais défié des préventions de l'amitié : vous

vi

croyez que j'ai puisé les lois essentielles de la vie des
nations à leur source vraie ; à vous parler franchement,
je le crois comme vous, sans toutefois m'abuser sur mon
insuffisance à mettre en œuvre des matériaux aussi
précieux ; mais comme je vous l'ai souvent entendu dire.
« Le noble amour de Jésus porte à faire de grandes choses;
» il entreprend plus qu'il ne peut ; il ne s'excuse jamais
» sur l'impossibilité, parce qu'il se croit tout possible et
» tout permis. Ainsi l'amour est capable de tout ; il
» effectue pleinement une foule de choses, tandis que
« celui qui n'aime pas perd courage et se laisse abat-
» tre. » (1).

Il est dit encore dans ce même chapitre du saint livre :
« Celui qui aime entend le langage de l'amour. » Or il
me semble, nonobstant vos encouragemens, que cette
dernière sentence condamne mon pauvre livre à n'avoir
qu'un petit nombre de lecteurs ; car écrit loin des scènes
tumultueuses de la vie politique et dans cette atmosphère
calme qui règne au pied de la croix, il ne sera point en
harmonie avec les idées du jour ; on ne lui reconnaîtra
pas, dans ce siècle voué à la dispute des hommes,
le cachet de l'actualité. Cependant ce qui est vrai doit
l'être pour tous les temps et pour tous les lieux, et la
pensée échappée du cœur doit trouver des cœurs pour
y faire sa demeure ; oh! oui, la mienne en trouvera
quelques-uns de ces cœurs qu'éclairent les lumières de la
foi. Pars donc, ma pensée ; portée sur les ailes de la simplicité, va te poser sur l'île d'Ouessant, où un digne
successeur de Michel Le Nobletz cultive avec succès le
champ spirituel défriché par ce saint homme et lui fait
porter d'abondans fruits de justice et de charité.

(1) Imitation de J-C. Liv. III, Chap. V.

Quel contraste, mon digne ami, entre l'île que vous cathéchisez si fructueusement et ces grandes villes fières de ce qu'elles appellent leur civilisation ! Sur votre roc battu des vents de toutes parts, et où la tempête semble avoir établi son empire, le calme le plus profond règne dans les âmes ; de ce rivage sur lequel bondit la lame du large, d'intrépides marins s'élancent chaque jour sur le houleux Océan, après avoir élevé leur âme à Dieu ; long-temps attendus par une mère, une femme, une sœur qui prient pour le succès de leur navigation, ils touchent enfin le sol natal, et le premier besoin de leurs cœurs reconnaissans est unn pieuse invocation à Jésus, un fervent hommage à Marie. Faut-il s'étonner, après cela, de trouver dans une population aussi religieuse l'esprit de concorde, la pureté des mœurs, la paix des familles et un généreux dévouement, qui porte ces vigilantes sentinelles de la mer à affronter journellement les plus grands périls, pour sauver les marins en détresse, courage bien autrement méritoire que celui qui s'exerce à des actes d'extermination et de ruine ! Voyez au contraire le spectacle que présentent les rues populeuses de nos grandes villes périodiquement teintes du sang de leurs habitans acharnés les uns contre les autres ; voyez l'enceinte consacrée aux délibérations législatives et qu'on pourrait prendre pour le temple de la discorde ; voyez enfin le *forum*, ce théâtre de la souveraineté populaire, où tant de passions haineuses s'agitent sans fruit. Ah ! si nos entrepreneurs de civilisation anti-chrétienne conçoivent jamais le projet de traverser l'espace de mer qui sépare le Conquet de l'île d'Ouessant, que les flots s'élèvent, non pour les engloutir, mais pour les repousser ! Le continent européen est un champ assez vaste livré à leurs désastreuses expériences.

Vous comprenez que j'ai deux motifs pour joindre cette lettre à mon livre : outre celui que je puise dans l'amitié qui nous unit, j'aime à faire entendre aux âmes pieuses qui appellent de leurs vœux le jour où la France désabusée des erreurs du rationalisme rentrera dans les voies normales de la civilisation chrétienne, qu'il est un coin de terre où l'irréligion n'a point pénétré et où se trouve encore, aujourd'hui même, une population vigoureuse possédant la foi de le primitive Église : or quand la ménagère champêtre s'éveille de grand matin, pour allumer le feu dans son âtre, elle n'y trouve souvent qu'un monceau de cendres presque refroidies ; mais il lui suffit qu'il y soit resté la moindre parcelle de feu, pour que bientôt une vive flamme s'empare du fagot épineux et répande dans l'intérieur de la maison chaleur et lumière.

Si le malheur des temps veut que le feu sacré s'éteigne partout ailleurs, votre canton restera, grâces à Dieu et sous la direction de son digne Pasteur, la précieuse étincelle destinée à rallumer en France la flamme salutaire de l'amour divin.

Je suis avec respect, mon cher Monsieur le Curé,
votre ami le plus dévoué,

Louis ROUSSEAU.

Keremma, ce 1er Septembre 1848.

LA
CLÉ DE LA SCIENCE,

ÉTUDES SOCIALES,

PROLÉGOMÈNES.

« *Dieu a livré ce monde à la dispute des hommes.* »
(1). Or, comme la dispute ne saurait être un élément
d'ordre, devons-nous conclure de la sentence du
sage que la société humaine marche fatalement vers
sa dissolution plus ou moins prochaine? Loin que
cette conclusion soit nécessaire, il est certain que la
Providence divine conduit l'humanité, quoique par
des voies souvent incomprises du vulgaire, à l'UNITÉ
universelle, sa destinée terrestre aussi bien que

____

(1) *Ecclesiaste.* Chap. III, v. 11.

céleste. Sans contredit, l'homme a été créé libre, c'est-à-dire, investi du pouvoir de choisir entre la voie du bien et celle du mal; mais Dieu ne s'est pas interdit de faire surgir le bien du mal même produit par l'abus de la liberté humaine. La sagesse suprême ne s'impose pas à notre volonté, mais elle l'éclaire; entr'autres moyens qu'elle met en œuvre à cette fin, remercions-la de nous avoir donné le tableau de la nature et les leçons de l'histoire; car nous pouvons certainement, à la clarté de ce double flambeau, connaître les écueils où la Liberté est exposée à échouer, dans sa marche progressive vers l'Unité, en traversant les phases douloureuses de la dispute des hommes.

Le tableau de la nature est un vaste hiéroglyphe, où tout parle de Dieu et de l'homme, afin de peindre Dieu et d'instruire l'homme, ainsi qu'il est dit dans l'*Imitation de J.-C.* « Si votre cœur était droit, » toutes les créatures seraient un miroir de vérité » pour régler vos actions. Il n'est créature si petite et si » vile qui ne peigne un trait de la bonté de Dieu. » (1)

L'histoire, à son tour, sans en excepter celle du peuple le plus infime en puissance, en lumières et en vertus, est une source de profonde instruction, pour quiconque est apte à la lire. Entre ceux de l'antiquité, les seuls dont l'histoire fasse partie indispensable de notre éducation classique, sont les Romains, les Grecs et les Hébreux; or, ce n'est

---

(1) Imitation de J.-C. Liv. II. Chap. IV.

pas sans raison , car chacune de ces nationalités anciennes est le type d'un des trois élémens générateurs de la vie sociale : PUISSANCE , INTELLIGENCE et **AMOUR**, Nul n'ignore, en effet, que le but essentiel de la cité Romaine fut l'extension de sa puissance matérielle , celui des peuples Helléniques la culture des sciences et des arts, enfin celui de la nation Juive l'accomplissement de la destinée religieuse de l'homme. C'est pourquoi , à l'exclusion des autres, ces trois peuples antiques furent jugés , philosophiquement parlant, dignes de l'histoire.

L'organisme social ne sera complet qu'en tant qu'il résultera de la synthèse de ces trois élémens distincts, sauf, toutefois, que la puissance de la société véritablement chrétienne ne doit, en aucune façon , résulter de la violence, non plus que de l'astuce, sentence qui comprend implicitement la condamnation des institutions guerrières et du système commercial, sauf, en outre , que la science humaine suivra la foi , loin de prétendre à marcher devant elle, sauf enfin qu'on sache reconnaître, dès-à-présent, que la religion, donnée à l'homme pour recouvrer son héritage divin , n'a pas dû rester enfouie, jusqu'à l'accomplissement des temps , dans les grossiers rudimens de la loi de crainte , mais a dû , au contraire , embrasser avec exultation la loi d'amour, évolution glorieuse dont l'effet a été de compléter, ou pour mieux dire, de transfigurer la loi ancienne.

Mais si l'histoire est propre, en général, à donner à l'homme les utiles leçons de l'expérience, il du convenir à la sagesse divine que celle du peuple élu ne fût point bornée à cet enseignement élémentaire, mais en renfermât un autre plus transcendantal ; en effet, l'Histoire Sainte offre à nos méditations, outre son sens littéral absolument vrai, un sens moral, un sens prophétique et un sens analogique non moins vrais : en un mot, elle est l'histoire figurative de l'HOMME, et de la SOCIÉTÉ humaine, écrite en lettres vivantes pour l'éducation religieuse et sociale du genre humain.

Le philosophe rationnaliste ne manquera pas d'opposer sa négation, ou son doute à cette grande vérité ; or, je n'ai ni les moyens, ni même le droit de la lui démontrer dans toute son étendue et son évidence : toutefois j'oserai lever un coin du voile qui la couvre, dans l'espoir de l'amener à douter de sa propre suffisance. Les faits qui s'accomplissent de nos jours et sous nos yeux sont assez graves, pour n'avoir pu être passés sous silence par le divin historien ; je n'en chercherai donc pas d'autres, pour justifier ma foi au profond analogisme biblique que je viens d'affirmer.

La Sainte-Bible s'ouvre devant nous aux chapitres XIII, XIV, XV et XVI du livre des Juges, contenant l'histoire de Samson ; si le jour se fait dans l'esprit de celui qui lira ce récit, il reconnaîtra sans peine dans Samson la personnification du peuple, dont la force est irrésistible, tant qu'il en a la conscience, de même que le Nazaréen n'est fort qu'à la condition d'avoir la tête ornée de sa chevelure symbolique.

Maintes fois le peuple , irrité des injures de ses
maîtres, a brisé les liens au moyen desquels ceux-ci
espéraient le tenir asservi ; maintes fois ces mêmes
maîtres ont usé de ruse pour surpendre le secret de sa
force, et trompés par de faux indices , recouru tantôt à
un stratagème gouvernemental, tantôt à un autre ;
mais toujours en vain : le peuple s'est joué de ces
impuissantes entraves, comme l'homme de Dieu s'est
ri des cordes neuves , ou mouillées dont on l'avait
lié. En pareil cas il sert peu au pouvoir de disposer
des ressources du génie , si les inspirations de la
charité lui font défaut : une mâchoire d'âne dans
les mains de Samson , c'est-à-dire , le premier non-
sens politique venu dans les mains du peuple suffira
pour faire une révolution. Que les Philistins parvien-
nent à enfermer l'homme fort dans les murs de
Gaza, il s'en échappera en enlevant les portes de
la ville , et il les transportera sur le sommet de la
montagne voisine ; de même qu'un cercle de lois
oppressives et contraires à loi de Dieu ne suffira
pas à contenir un peuple irrité et sans intelligence ;
en pareille occurrence il s'emparera brutalement du
code et le jettera au vent.

L'histoire des révolutions politiques est écrite
lisiblement dans ce récit biblique : du moment où
un peuple perd la conscience de sa force par suite
de quelque grande faute , comme Samson devient
faible en perdant sa chevelure , la liberté qu'il
poursuivait lui échappe et l'on voit la victoire trahir
alternativement un gouvernement hostile à la liberté,

et un peuple impréparé à l'unité. Cependant jusque-
là les révolutions ne sont que politiques; c'est-à-dire
que, lorsque le peuple révolté contre le pouvoir établi,
chasse, ou tue ceux qui en étaient investis, pour
les remplacer par d'autres qui ne font pas mieux
ses affaires, qui souvent même les font beaucoup
plus mal, quand usant ou abusant de sa victoire,
il abolit une mauvaise forme de gouvernement, pour
en constituer une nouvelle non moins mauvaise et
improductive d'effet utile, le toit de l'édifice social
souffre seul de la tourmente populaire ; les fonde-
mens demeurent intacts. Il est vrai que la plupart
des révolutions faites en Europe, antérieurement à
celle de 93, furent suscitées par des religionnaires
qui attaquaient le culte universellement reconnu en
même temps que le pouvoir établi ; mais leurs
réformes n'allèrent pas jusqu'à repousser toute institution religieuse, ni jusqu'à démonétiser la loi
morale; en 93 même, où les rouages du mécanisme
social reçurent de si rudes attaques, la famille et la
propriété furent respectées, sinon de fait, du moins
en principe; c'est qu'apparemment à cette époque,
l'arbre de la science humaine n'avait pas encore
mûri son fruit délétère.

Mais quand les Philistins, après s'être rendus
maîtres de Samson, en viennent à lui crever les
yeux, ils se préparent à leur insu une catastrophe
bien plus affreuse que les précédentes.... Quand les
Rois, les grands Seigneurs et toute la valetaille
philosophique ont travaillé pendant un demi-siècle

avec un déplorable succès , à retirer au peuple les lumières de la foi, dans l'espoir qu'en le rendant indigne de la liberté , ils la lui dénieront d'autant plus facilement; bref, quand ils ont battu en brèche le dogme divin et effacé du cœur de l'homme toutes les vertus dont il était la source féconde , alors , dis-je , les révolutions ne se renferment plus dans la sphère politique, elles s'attaquent aux bases mêmes de l'ordre social.

Voici donc Samson perfidement aveuglé par ses tyrans et introduit avec dérision dans le temple de Dagon, où ils sont assemblés; sa force première lui est revenue avec le temps qui lui a rendu sa chevelure; mais quel usage va-t-il faire de cette force nouvelle , ne pouvant voir ses ennemis, et incapable qu'il est de les joindre ? Attendez..... Il se fera placer entre les deux colonnes qui soutiennent le Temple ; il les ébranlera de ses bras nerveux et il fera crouler l'immense édifice sur ses imprudens maîtres et sur lui-même.

L'œuvre des Philistins c'est la vôtre, princes, nobles et bourgeois, qui avez fait votre pâture intellectuelle de tous les sophismes et de tous les sarcasmes vomis par l'école voltairienne contre la religion civilisatrice et qui les avez répandus jusque dans les classes les plus infimes de la société chrétienne ; le peuple a profité de vos leçons ; peut-être même a-t-il fait plus de progrès dans cette voie de perdition que vous ne le désiriez ; à cette heure il ne lui suffit plus de renverser tel ou tel gouvernement qui

lui déplaît ; à vrai dire , il l'a fait et refait tant de fois
sans s'en trouver mieux ; il s'en prend désormais
aux deux colones essentielles , sur lesquelles repose
l'édifice social , la famille et la propriété ; il les
ébranle... l'édifice menacé va crouler sur vos têtes....
entendez-vous , riches et pauvres , propriétaires et
prolétaires , bourgeois et ouvriers.... vous serez tous
ensevelis dans une ruine commune....

Cependant une dernière lueur d'espoir me reste
encore, sinon j'aurais dû me dispenser d'écrire :
Dagon était le Dieu de la richesse matérielle ; par
conséquent le culte que les Philistins lui rendaient
était idolâtrique, comme l'est celui que tant de gens
rendent encore à son principe, au milieu de la société
chrétienne ; c'est pourquoi son Temple dut être
renversé, car là où la charité n'a pas d'autel, il n'y
a pas de solution possible aux questions sociales.
Cependant, est-ce aujourd'hui le cas de la France,
où tant de généreux dévouemens se produisent chaque
jour, comme pour faire contre-poids au matérialisme
de la vie politique, de la France où une multitude
de saintes âmes s'élèvent incessamment vers Dieu,
pour lui demander le salut de la patrie ; de la France
où le généreux sang d'un martyr fume encore ?
J'aime à espérer le contraire : Dieu voulut jadis annoncer à Ninive qu'elle serait prochainement dé-
truite, en punition de ses crimes ; mais dès qu'elle
fut entrée dans la voie du repentir, le Seigneur
abrogea sa rigoureuse sentence. Celle qui est écrite
figurativement, à notre condamnation, dans l'histoire

de Samson, pourrait donc, si nous le voulions, n'être que comminatoire ; dès-lors la France et l'Europe entière échouée avec elle sur un dangereux écueil, ne tarderaient pas à s'en relever, et après avoir redemandé à l'Eglise son infaillible boussole, les nations civilisées reprendraient la haute mer et cingleraient de conserve vers le port.

C'est pour toi, Modérateur futur de la République, que j'ai entrepris d'écrire le fruit de mes méditations, fruit chétif comme celui qu'on recueille sur l'arbre inculte de la forêt ; mais l'habile horticulteur ne dédaigne pas le plant sauvage dont son art amènera progressivement les générations futures à une haute perfection ; ne dédaigne donc pas de recevoir de moi la *Clé de la Science Sociale*, bien que je sois un personnage peu considérable par moi-même. Au reste, dirai-je pourquoi je ne me suis pas laissé arrêter dans mon œuvre par le sentiment de mon néant ? Le hasard a placé devant mes yeux cette sentence significative : « Science, Science, tu » es trop simple pour que les savans et les hommes » du monde puissent te soupçonner. » Je n'y aurais vu probablement qu'un paradoxe, si elle eût émané de tout autre que le profond théosophe Saint-Martin ; mais après l'avoir méditée sérieusement, j'en ai reconnu toute la justesse. S'il en est ainsi, c'est apparemment parce que je ne suis ni un homme du monde, ni un savant, que cette clé d'or n'a pas été refusée à ma pauvreté d'esprit. Je te la livre, ainsi qu'à tous ceux qui voudront en faire usage, afin que le reproche encouru jadis par les Pharisiens (1), ne puisse pas tomber sur moi; elle ne m'a peut-être introduit que sous le péristyle du Temple; mais toi, Prince du peuple, ton génie social ira bien au-delà : oh ! sans doute, tu pénètreras jusqu'au Saint des Saints.

Cependant, en quel lieu de la terre la Providence divine te couve-t-elle, Sauveur espéré de la civilisation chrétienne? Es-tu encore à naître? As-tu franchi l'âge d'enfance, ou marches-tu déjà dans ta puissante virilité? Es-tu, comme quelques-uns le croient, le dernier rejeton de la race de nos anciens rois? S'il en est ainsi, hâte-toi *d'oublier* un passé qui ne peut plus renaître et *d'apprendre* tout ce que l'avenir de la société française porte virtuellement dans son sein. Si tu n'es pas issu de souche royale, as-tu donc, comme Jeanne-d'Arc , cet autre sauveur de la France, reçu le jour sous un toit de chaume? Il importe peu du reste, descendant des rois, ou enfant du peuple, apporte à l'œuvre de rénovation sociale le cœur et la tête d'un Charlemagne, et nous te saluerons d'un *vivat* passionné, et pas un des fils de la patrie ne te fera défaut. Dès que nous aurons aperçu au zénith l'étoile de bon augure qui doit guider nos pas vers toi, soit que nous t'allions chercher sous le dais, comme un prince du monde, ou sur la paille, comme le Sauveur du monde; nous te porterons pour présens : de l'or, emblême de la

____

(1) Saint-Mathieu. Chap. XIII, v. 13.

richesse du cœur, de l'encens, emblême de la prière fervente, et de la myrrhe, emblême de la mortification, afin que tu n'oublies pas que celui qui gouverne doit, plus que tout autre, aimer les hommes, puiser les vertus à leur source divine, et être mort à toutes les passions.

Et moi, né à la veille d'une révolution dont je ne devais pas voir la fin, si j'entrevois seulement l'aurore du jour où tous les Français réconciliés suivront avec acclamation la bannière de l'Unité et de la Liberté arborée par toi ; si je puis lire dans ton regard que tu aimes le peuple, et que la dernière épine ne tombera de ta sainte couronne que lorsque la dernière souffrance du moindre de tes enfans aura disparu ; si je découvre sur ton front le sceau du génie de la civilisation chrétienne, alors, plein de joie, je m'écrierai, comme le saint vieillard Siméon.

« Seigneur, laissez aller maintenant votre serviteur en » paix ; car mes yeux ont vu le salut du monde. » (1)

Mais, hélas, cher enfant de la Providence, que d'obstacles viendront entraver ton œuvre d'organisation sociale ! Tu rencontreras sur tes pas ces savans bourrés de lecture, qui tiendront à faire prévaloir les idées fausses qu'ils ont recueillies dans la poussière des bibliothèques, et à ériger leurs systèmes en lois ; tu en rencontreras d'autres, étrangers à toute étude et à toute méditation, mais qui sont fermement convaincus qu'on organise la société par la violence.

(1) Saint-Luc. Chap. II.

Ceux qui regrettent un passé désormais condamné par arrêt de la Providence, te tireront en arrière, en t'adjurant de conserver l'ouvrage du temps, tandis que ceux qui rêvent un avenir fantastique, te pousseront sur des écueils, en te criant, avec une confiance juvénile : en avant. Il est donc bon que tu saches t'orienter au milieu de cette Babel philosophique et politique.

Tu ne saurais éviter les adeptes décrépits de cette science fausse, naguères encore décorée du nom d'économie politique, non plus que les hommes d'autorité qui traduisaient leurs inhumaines théories en lois de l'Etat : A vrai dire, les personnages politiques de cette catégorie étaient doués de têtes froides, comme il convient de l'avoir, dans la grave et difficile tâche du gouvernement : mais leurs cœurs, si toutefois ils avaient des cœurs, étaient encore plus froids que leurs têtes ; c'est pourquoi les solutions données par eux aux questions sociales furent radicalement subversives et durent à la longue soulever contre elles l'animadversion populaire ; car la première condition pour gouverner les hommes, c'est de les aimer.

Voici venir à toi maintenant les amis déclarés du peuple, hommes qui souffrent véritablement de ses souffrances, et sont impatiens d'y porter remède ; certes, ces poitrines-là renferment des cœurs chauds : pourquoi faut-il que leurs têtes ne soient pas moins chaudes ! Garde-toi pour cette raison de les appeler à ton œuvre organique ; car l'ardeur du cerveau est une mauvaise condition, pour légiférer avec fruit :

heureux et fiers d'avoir démoli un édifice social trop étroit, pour que les droits du pauvre y pussent trouver place, ils ignorent que ce n'est que dans le calme de la pensée qu'ils réussiront à le reconstruire assez large pour que tous les droits légitimes y soient admis, et que tous les besoins réels y soient servis.

Quant à toi, sublime Modérateur, ton cœur, toujours jeune, sera brûlant d'amour jusqu'à la mort ; mais ta tête sera de bonne heure froide comme celle du sage des temps anciens ; car, si le sentiment seul a le droit de poser la question Sociale, il n'appartient qu'à la pensée de la résoudre.

Ah ! qu'ils disparaissent bien vite de la scène politique, ces hommes qui fomentent les troubles civils avec un cœur froid et une tête ardente, dont le sein est corrodé par la haine et dont le cerveau est pris de vertige. Ceux-là poussent le peuple au crime, ou le commettent en son nom, afin de déshonorer la liberté, puis, quand ils l'auront rendue impossible, aller se vendre au premier tyran qui daignera les acheter.

Tu auras encore à te défendre des plagiaires politiques : ce sont eux qui, sur la foi d'un Montesquieu, ont importé chez nous, d'Outre-Manche, cette constitution insolite qui fait en ce moment le tour de l'Europe, sans que l'Europe s'en trouve sensiblement mieux. Que d'admiration de commande mes contemporains et moi nous avons prodigué à la Charte anglaise, dans laquelle nos maîtres voulaient que nous vissions le chef-d'œuvre de l'esprit

humain, attendu, disaient-ils que les trois pouvoirs
monarchique, aristocratique et démocratique y sont
combinés si sagement, qu'aucun d'eux ne peut
sortir de la sphère d'action qui lui est propre, et
empiéter sur les deux autres, etc. Le fait est que
cette pondération de pouvoirs beaucoup trop vantée
n'est autre chose qu'une sorte de capitulation forcée
entre trois forces matérielles, dont chacune était
hostile aux deux autres. Qu'importe, dira-t-on, si
cette constitution fait la prospérité de la nation !
Sans contredit, si elle a porté d'heureux fruits dans
le pays où elle est née et qui en a fait la première
et la plus longue expérience, son mécanisme, quoique
sorti accidentellement d'un fait, n'en sera pas moins une
découverte acquise à la science ; mais en est-il ainsi?
Qu'avant de répondre à cette question, et sans s'arrêter
à la prospérité réelle, ou apparente du pays légal, l'on
pousse l'investigation jusqu'à son *sub stratum*, en
d'autres termes, qu'on s'enquière de quel sort jouit
l'immense majorité du peuple anglais, et la question
sera bientôt résolue.

On objectera peut-être que les Etats-Unis d'Amérique ont calqué leur constitution sur cette même
Charte anglaise, et ne s'en trouvent pas mal ; ils l'ont
fait, sans doute, par habitude et par préjugé d'éducation politique ; mais quand on vient à réfléchir
que les Etats de l'Union possèdent des terres, pour
ainsi dire illimitées, où l'homme peut, quand il le
veut, traduire le droit au travail en fait réel, on est
dispensé d'attribuer au mérite de leurs institutions

politiques les avantages matériels inhérens à leur position géographique. Encore convient-il d'observer en passant que, nonobstant ces mêmes avantages de position, la misère n'est point inconnue aux Etats-Unis et que, dans la plupart de ceux non soumis au régime d'esclavage, le hideux paupérisme est déjà né et y grandit rapidement. Quoi qu'il en soit, le législateur français, qui n'est pas placé sous l'empire des causes de fait, qui ont exercé leur pression sur le législateur anglais, a toujours tort de remplacer les réalités par des fictions légales, qui font de son œuvre un frêle échafaudage plutôt qu'une solide maçonnerie. En dernière analyse, la constitution de l'avenir ne contiendra ni pouvoir monarchique, ni pouvoir aristocratique, ni pouvoir démocratique, destinés à se faire équilibre par voie d'antagonisme; mais, de même que la vie de l'être humain résulte de trois organes élémentaires, savoir : un cœur, une cervelle et une masse de sang en circulation de l'un de ces viscères à l'autre et réciproquement, de même la vie de la société humaine résultera de trois pouvoirs constitutifs : le rationnel, le spirituel et le divin; ceux-ci, au lieu de produire l'équilibre politique par leur divergence, produiront l'unité sociale par leur convergence; au reste, je m'engage à donner plus tard à cette pensée tout le développement nécessaire.

Eu dernière analyse, le législateur français ne subira pas la tyrannie des causes extérieures, sans en appeler aux lumières intérieures; mais il ne se laissera pas non plus entraîner par la pensée, jusqu'à ne tenir aucun compte des faits : car dans la première hypothèse, il abdiquerait les droits de l'être intelligent, sans qu'il soit permis d'espérer que le progrès social résulterait nécessairement du cours naturel des événemens politiques ; et dans la seconde, s'il voulait absolument faire sortir Minerve toute armée du cerveau de Jupiter, c'est-à-dire, s'il prétendait ne relever que de son génie et se raidissait contre les puissances de fait, il se créerait des obstacles de cela même qui eût pu, la plupart du temps, lui servir de moyens.

J'ai dit précédemment que les temps anciens n'avaient eu que trois peuples typiques jugés dignes de l'histoire ; les temps modernes n'en ont également que trois correspondant aux premiers et qui ont jusqu'à ce jour progressé dans des voies différentes ; le peuple Anglais est l'analogue du Romain, sauf que la puissance matérielle à laquelle il aspire et vers laquelle il marche avec une constance qu'on ne sait si l'on doit admirer ou déplorer, ne résulte de la guerre que subsidiairement, mais repose principalement sur le commerce. L'Anglais va droit à l'acte, sans passer par la spéculation, il reçoit ses institutions des faits actuels, sans les demander à la théorie ; il cherche l'utile sans se soucier de remonter au vrai.

Bien que l'Allemand manque de la grâce et du sel attique, il est néanmoins le Grec des temps présens ; il cherche le vrai par pur amour du vrai, et

sans éprouver le besoin de le traduire en effet utile;
il vit au milieu des abstractions, sans être pressé de
descendre dans le champ de l'application; bref ,
l'idéologue de Berlin correspond trait pour trait au
philosophe d'Athènes ; l'un et l'autre ont prouvé que
la raison naturelle , livrée à elle-même et privée du
secours de la lumière divine, conduit l'homme à un
abîme de doutes et d'erreurs.

La France a reçu de la Providence une mission
plus compréhensive et d'une plus haute portée que
celles que je viens de décrire ; elle ne tend pas à
la puissance matérielle à l'exclusion de la richesse
intellectuelle, ni à l'acquisition de celle-ci en s'abs-
trayant de celle-là : son but social est l'Unité universelle ; son caractère propre est l'amour du beau;
conséquemment sa mission providentielle est d'essence
religieuse, ce qui place la nation Française , relativement au monde extérieur, dans une position parfaitement analogue à celle où fut placé le peuple
Hébreu, jusqu'au jour où il laissa par sa faute cette
mission sainte échapper de ses mains.

Oui, le théosophe Saint-Martin, et après lui Joseph
de Maistre ont vu avec raison dans la France le
peuple sacerdotal des temps modernes : les deux
types sociaux incomplets , ou pour mieux dire ,
complémens l'un de l'autre, qui se sont produits à
ses côtés , viendront se confondre un jour dans sa
radieuse unité; bref, si le monde moral est soumis
analogiquement aux mêmes lois que le monde phy-
sique , la force et l'intelligence ne sont que les

deux aspects opposés , j'ai presque dit : les effets
polariques de l'amour. Cependant ce n'est que lorsque cette dualité rentre dans l'unité génératrice ,
que la puissance cesse d'être dure et oppressive ,
et la science d'être fausse et illusoire. Si j'étais
appelé à appuyer cette théorie sur des preuves de
fait et à démontrer que l'AMOUR , dans le large
sens que le spiritualisme chrétien attache à ce mot,
est, à la fois, une PUISSANCE FORTE et une SCIENCE
VRAIE , il me suffirait d'évoquer la mémoire de ces
douze hommes du peuple, absolument dépourvus de
Puissance et de Science humaine, et qui ont pourtant
triomphé de la Puissance des Romains et confondu
la science des Grecs. Il est vrai de dire que les
Apôtres de JÉSUS-CHRIST étaient consumés du feu
de la CHARITÉ ; or ce feu n'était point monté
de la terre , il était descendu du Ciel dans leurs
cœurs : là est tout le secret de leur double victoire.
Nonobstant les déplorables aberrations de la France,
dans l'accomplissement de sa haute mission civilisatrice, le même phénomène social est près de se
produire, c'est-à-dire que son influence sympathique
triomphera pacifiquement de la puissance de l'Angleterre, et poussera par le sentiment la penseuse
Allemagne à l'action rénovatrice ; ne voyons-nous
pas déjà l'utilitarisme anglais interroger des THÉORIES
Sociales plus ou moins vraies , ou fausses , et le
philosophisme germanique, descendu dans le *forum*,
s'y appliquer à des ACTES plus ou moins progressifs,
ou subversifs ? Vienne le jour où le PEUPLE UNITAIRE

revenu à comprendre la vertu organique de la foi chrétienne, s'élancera de nouveau, la Croix à la main, dans la véritable voie du progrès social, secondé par la puissance matérielle du peuple Britannique et par la capacité intellectuelle des peuples Germaniques, alors le règne de Dieu, que tout chrétien appelle chaque jour de ses vœux, se réalisera sur la terre, du moins autant que la vie terrestre le comporte.

Entr'autres analogies entre la Judée antique et la France moderne, il en est une qui se rattache trop intimement à notre sujet, pour que je la passe sous silence : l'une et l'autre contrée ont été le théâtre où trois sentences capitales ont reçu leur exécution : le Golgotha voit périr à la même heure et du même supplice, le JUSTE, le coupable repentant et le pécheur endurci. Le premier meurt, pour ressusciter bientôt glorieusement ; le second meurt, non pour ressusciter à la vie terrestre, mais pour obtenir sa grâce dans la vie future ; enfin, le troisième meurt, non-seulement pour ne plus revenir dans ce monde, mais pour ne pas obtenir grâce après sa mort. De même la Révolution de 93 traîne aux gémonies les trois grands pouvoirs de la société : Clergé, Royauté et Noblesse. Le Clergé meurt, pour ressusciter bientôt à la vie sociale ; la Royauté meurt sans espoir de retour, mais amnistiée après sa mort par le sentiment universel ; enfin, la Noblesse meurt, pour n'être ni ressuscitée, ni grâciée. Cependant comme l'on désirera naturellement connaître les causes d'un sort si différent dévolu à chacun des trois pouvoirs sociaux frappés par la hache révolutionnaire, je vais m'expliquer, à cet égard, plus amplement.

La mission du prêtre est d'appeler l'homme esclave de la chair à la liberté de l'esprit; c'est pourquoi le clergé, abstraction faite de la manière plus ou moins satisfaisante dont il remplit cette mission, est la portion du genre humain la plus sainte, c'est-à-dire la plus constamment tournée vers Dieu; cependant il y a cette différence entre l'**HOMME-DIEU** qui seul est parfait, et les hommes voués au service de Dieu et participant nécessairement des infirmités de la nature humaine, que les œuvres de l'un furent toujours bonnes tandis que celles des autres ne furent pas toujours irréprochables. Nonobstant cette différence qu'il était presque superflu d'indiquer, il est évident que le clergé est le type humain le plus analogue au type divin: il représente l'esprit; donc il ne devait pas périr; aussi malgré la longue et sanglante persécution dont il a été l'objet, en France, quand la hache du bourreau a été émoussée, quand le sarcasme voltairien, après avoir fait son temps, n'a plus laissé derrière lui que sa trace nauséabonde, quand les utilitaires eux-mêmes en sont venus à comprendre que l'indifférence en matière de religion prive la société de son ressort essentiel et la conduit à la désorganisation, alors la parole du prêtre se fait entendre de nouveau et relève l'esprit humain de sa longue prostration.

Pour quiconque observe la marche des faits avec attention, la résurrection progressive de la puissance ecclésiastique est évidente: en effet, lors de la Révolution de 1793, le sort des prêtres fut d'être massacrés, ou envoyés en exil ; en 1830, les révolutionnaires se contentèrent de leur jeter des pierres et de leur faire subir quelques avanies ; enfin, en 1848, le peuple, qui sent instinctivement que son salut viendra du clergé catholique, salue respectueusement en lui la seule puissance sociale qu'il trouve debout. En vain, la mauvaise queue du xviiie siècle s'efforce-t-elle de tenir le clergé en suspicion légitime et d'identifier la cause de l'impiété avec celle de la liberté ; le peuple a pu juger à l'œuvre ces grands parleurs de liberté qui s'obstinent à en repousser le principe, c'est pourquoi leur règne est sinon fini, du moins bien près de finir ; tandis que l'autorité morale de l'église s'étend et s'accroît de jour en jour.

Cependant le clergé fut coupable, sinon Dieu ne lui eût pas infligé un châtiment aussi sévère : loin de moi de dire qu'il le fut sans exception, ni même en majeure partie ; mais ils commirent une grande prévarication les membres de cet ordre qui transportèrent obséquieusement à la puissance séculière une partie des droits et des attributions qui appartiennent essentiellement à la puissance spirituelle. Ce fut un grand attentat contre la liberté ; car celle-ci n'est compatible qu'avec une autorité d'essence morale et non matérielle, comme je le prouverai ultérieurement. Il peut se trouver des circonstances où le pouvoir légal juge à propos de recourir à la force matérielle pour sauver la liberté ; mais ce sont là des faits exceptionnels et transitoires par leur nature ; ils ne sauraient prévaloir contre le principe, en vertu duquel nous disons que la liberté n'a rien à craindre et tout à espérer d'un pouvoir fondé sur la persuasion ; bref, il faut de toute nécessité qu'on opte entre ces deux différens modes d'autorité: la parole du prêtre, ou la *poigne* du gendarme.

Il y aura des gens, je le sais, voire même des plus *libéraux*, dans le sens néologique qu'on donne aujourd'hui à ce mot, qui préféreront de beaucoup être empoignés à être cathéchisés : ainsi Helvétius, le plus naïf des philosophes du xviiie siècle, n'a-t-il pas formellement dit, dans son livre de l'*Esprit*, que le moyen le plus efficace pour moraliser un peuple, était de diminuer le nombre des prêtres et d'augmenter celui des gendarmes? Sa leçon a été appliquée ; mais on ne voit pas trop, aujourd'hui que le moment est venu de recueillir les fruits de ce système, ce que la morale, non plus que la liberté ont gagné à l'amoindrissement de l'institution ecclésiastique, alors même que l'augmentation de la force armée a dû s'ensuivre immédiatement. Que le pouvoir séculier ne puisse pas se passer de celle-ci, certes je ne suis pas assez étranger aux mœurs de mon temps pour l'ignorer, et je ne sais même s'il est permis d'espérer que la société soit jamais assez parfaite, pour se dispenser de toute action coërcitive; mais que le prêtre mutile de ses propres mains son autorité douce et tutélaire, pour en gratifier la puissance armée du glaive, c'est, je le répète, un crime de lèse-liberté.

Certes, je rends justice aux vertus et au génie de Bossuet ; mais qu'il est pénible de voir un Évêque, un homme illustre d'ailleurs à tant d'égards, de le voir, dis-je, prosterné devant le grand Roi et rédigeant, pour obéir au bon plaisir de l'absolu monarque, les quatre articles de 1682 qui consacrent le vasselage de l'Église à l'égard du chef de l'État! Oh ! que Fénélon est plus grand, dans sa disgrâce, encourue pour avoir trop souvent et trop clairement censuré les abus du pouvoir royal, et fait retentir jusqu'à la cour les gémissemens des classes pauvres et opprimées ! Cependant les coryphées de l'opinion libérale , quand ils se sont trouvés, par respect humain, ou calcul politique, amenés à rendre hommage *à la religion de leurs pères*, ont toujours manifesté pour Bossuet une admiration enthousiastique et ont passé Fénélon sous un dédaigneux silence. Mais voici ce qui jette un certain jour sur cette partialité : ces mêmes libéraux sont ceux à qui la liberté publique est redevable de l'embastillement des villes et du bâillonnement de la pensée ; ces gens-là sont conséquens, sans doute, mais les catholiques voulant la liberté et professant le gallicanisme ne le sont pas.

Les doctrines gallicanes et le relâchement des

mœurs d'une partie du clergé, joints à plusieurs abus dont l'institution ecclésiastique n'avait pas su se préserver dans sa longue et intime alliance avec la puissance politique ; telles furent les causes profondes du châtiment que cet ordre vénérable reçut de Dieu par les mains des révolutionnaires de 93 ; mais, dira-t-on, les innocens devaient-ils périr pour les coupables ? Cette objection rationaliste ne saurait être résolue rationnellement, ce qui ne veut pas dire qu'elle ne puisse l'être d'un point de vue plus élevé ; au surplus, qui donc a dit à ces philosophes assez osés pour critiquer les procédés de la Providence divine, que les victimes, même innocentes aux yeux du monde, se soient jamais plaintes de leur sort ? Si, au contraire, elles bénissent la main qui les frappe, il y a là quelque chose de voilé aux yeux de la raison naturelle et qui ne se révèle qu'à ceux de la grâce qui est une raison surnaturelle.

J'ai fait entendre par quels motifs il entrait dans les desseins de Dieu, que le clergé de France ressuscitât à la vie sociale, après avoir été couché parmi les morts ; examinons maintenant si l'opinion universelle a été conséquente, en accordant à la royauté une grâce posthume qu'elle a refusée à la noblesse. Mais avant d'entrer plus avant dans cette matière, il importe d'éclairer le lecteur sur le sens que l'auteur attache à certains mots ; car la langue est assez pauvre pour n'avoir souvent qu'un terme pour peindre des choses fort dissemblables entr'elles ;

ainsi, le mot Roi s'applique également à des Princes qui ont exercé le pouvoir dans des conditions tout-à-fait différentes les unes des autres; du moins l'on ne saurait affirmer que son sens soit identiquement le même, quand on dit, par exemple, le Roi de Siam et le Roi des Belges. Quant à nous , sans prétendre faire loi dans la langue scientifique , nous réserverons le titre de Rois de France, à cette longue suite de Monarques entourés par droit de naissance du respect traditionnel des peuples ; respect indépendant du caractère personnel du Prince, et qui tenait, jusqu'à un certain point , de la nature d'un culte religieux. C'était sur cette vénération populaire que reposait principalement l'inviolabilité de la personne royale. Ce n'est pas ici le lieu d'examiner si ce sentiment universel était favorable ou défavorable à la liberté; nous reviendrons sur ce sujet; quoi qu'il en soit, ce prestige s'évanouit, le jour où les Rois passèrent sous les fourches caudines de l'avocasserie constitutionnelle, et lorsqu'en 1830 , le titre de Roi fut donné à un Prince qui n'y avait aucun titre , il ne resta plus trace de l'ancienne dignité royale ; la loi eut beau déclarer que la personne du chef de l'État était inviolable, tous les méchans et tous les fous privés de permis de chasse exercèrent sur elle leur adresse de braconniers.

Alors les esprits judicieux commencèrent à comprendre qu'il n'est pas au pouvoir de quelques hommes plus ou moins diserts de décréter une véritable inviolabilité royale, fondée sur l'assentiment populaire, et l'on se demanda si le respect de la personne du Prince, qui caractérisa si long-temps la nation Française, n'était pas dû à un principe religieux indépendant de la loi civile. Mais à quoi a-t-il servi à la dynastie de Juillet de faire cette découverte, si toutefois elle l'a faite? Chaque dynastie a sa raison d'être dont elle s'enveloppe à sa naissance comme d'un manteau, et qu'elle emporte dans la tombe comme un linceul; la raison de circonstance qui porta la famille d'Orléans au pouvoir, fut incontestablement l'application usuelle du matérialisme politique de l'école d'Adam Smith; et le triomphe de ces idées étroites et subversives, que leurs coryphées ont décorées pompeusement de l'épithète libérale; juste-milieu entre le pouvoir absolu et la démocratie, qui consistait à donner au peuple demi-ration de liberté, et au Prince demi-ration d'autorité. Cependant, le plus fâcheux de l'affaire, c'est que le libéralisme ne consiste pas seulement à harceler le pouvoir politique, il est encore plus essentiellement hostile à la religion catholique, à sa doctrine, à ses institutions et à ses ministres; en un mot, le libéralisme de 1830 était une recrudescence du philosophisme du xviiie siècle. Comment, avec un pareil culte public, faire de l'inviolabilité royale? Aussi le voltairianisme fut-il, pour le malheureux Roi des barricades de Juillet, une véritable chemise de Nessus, dont il aurait voulu, je crois, pouvoir se débarasser , mais il ne pouvait le faire sans s'arracher la peau.

- L'on doit comprendre à présent mes raisons, pour refuser à Louis-Philippe le titre de Roi ; je ne l'accorde même pas à ses prédécesseurs qui en étaient assurément plus dignes que lui : la royauté est morte en France dans la personne de Louis XVI. Cependant bien que celui-ci fût un Prince plein de droiture et de bonté , et digne à tous égards , d'un meilleur sort , il n'entre nullement dans ma pensée de faire ici du sentimentalisme monarchique à son occasion ; il a subi la peine due à ses auteurs. Quels furent les torts de ceux-ci ? Je vais le dire, après avoir fait observer, une fois de plus, que les procédés de la puissance providentielle qui gouverne le monde, sont au-dessus des jugemens de la raison humaine. Louis XVI meurt en chrétien, pardonnant à ses bourreaux et priant pour la France ; or je le demande au plus ardent républicain, son culte politique exige-t-il qu'il poursuive de sa haine l'institution royale inhumée ainsi? Après Codrus mort moins héroïquement peut-être que Louis XVI, les Athéniens jugèrent à-propos d'abolir l'autorité royale , mais ils en respectèrent la mémoire ; je pense que nous pouvons sans scrupule faire comme eux.

Toutefois, ce n'est pas sur cette raison secondaire que se fonde l'amnistie populaire accordée à l'ancienne royauté, dans la tombe où elle gît à tout jamais; disons, avant tout, les causes principales qui motivèrent sa condamnation.

Autant je repousse de tous mes efforts l'absolutisme des hommes, autant j'appelle de tous mes vœux l'absolutisme des lois; mais pour qu'on ne se méprenne pas sur la portée de cette déclaration, je me hâte d'ajouter que je refuse le nom de lois à cette multitude incohérente de réglemens faits de main d'homme et qui n'ont pas le pouvoir de rendre les hommes meilleurs, ni plus heureux; la loi, ou pour mieux dire, le principe de la loi, ne dépend pas des décisions humaines : il est écrit dans la conscience de tout homme qui vient au monde et dans les livres dictés par l'esprit divin. Quand la loi écrite découle de ce principe éternel, elle est vraie et féconde en bons résultats; pour lors, le mot légal est synonime de juste et utile; mais si le réglement humain part d'un principe faux, èt conduit à des résultats anti-sociaux, c'est en vain que ses auteurs le décorent du nom de loi : il est précisément tout l'opposé d'une loi. L'histoire nous apprend que des potiers ont pris une masse d'argile, l'ont pétrie et lui ont donné telle forme qu'il leur a plu; puis ils ont mis cette figure, ouvrage de leurs mains, sur un autel et ils se sont prosternés devant elle, en disant : voilà notre Dieu. Ne sont-ce pas là les dévots à une légalité vide de principe religieux.

L'économie de l'ancienne société française résultait, au contraire, d'un double courant que je vais essayer de décrire: la foi religieuse descendait dans les institutions humaines pour les vivifier , et la puissance séculière venait en aide à l'institution religieuse pour la sauvegarder ; en sorte que l'œuvre organique se distribuait ainsi : au pouvoir temporel appartenait le droit de faire les lois de l'État et le devoir de les appliquer ; au pouvoir spirituel appartenait le devoir de faire les mœurs de la nation et le droit de protester contre tout ce qui portait atteinte à cette mission sainte , soit dans l'esprit des lois civiles , soit dans les actes de la politique. L'on peut sans contredit trouver une foule de choses à reprendre dans la manière dont cette belle et large théorie fut traduite en pratique, mais le principe en est scientifiquement juste , et il faudra bien le reconnaître , quand on voudra rentrer dans la voie du progrès social ; elle seule contient virtuellement la solution de ce problême qui, au premier abord, paraît si ardu : la séparation des deux pouvoirs spirituel et temporel. Quoi qu'il en soit, examinons quelles furent les causes premières qui tendirent à compliquer et à fausser les rapports si simples et si vrais établis originairement entre l'Église et l'État.

La royauté de France et de plusieurs autres provinces démembrées de l'ancien empire Romain, est résultée, je ne dirai pas du *droit* de conquête, non-sens que j'abandonne au grand Voltaire, mais du fait de la conquête des Gaules par les multitudes armées sorties des forêts de la Germanie. Disons, en passant, que ces barbares, les Francs, les Burgundes, les Ripuaires, les

Saliens et autres conquérans Germains, valaient beaucoup mieux que les Romains, peuple dur et rapace, habile dans l'art d'opprimer les hommes; néanmoins quelque doux que soit un vainqueur, son joug paraît toujours fort pesant à un peuple fier et né pour la liberté; après avoir abandonné, par lassitude de leur domination, les Romains à leur sort, dans la lutte que ceux-ci eurent à soutenir contre les hordes Germaines, les Gaulois, soient qu'ils eussent peu ou point gagné à changer de maîtres, ne se soumirent pas aux derniers venus, sans tenter, à plusieurs reprises, de s'affranchir de leur puissance. Toujours vaincus dans cette lutte inégale d'une population désarmée contre des myriades de guerriers bardés de fer, les Gaulois revenaient incessamment à la charge, encouragés à ces insurrections par leurs *barzed* (1); car la littérature ne travaillait pas alors à dépraver les mœurs du peuple, mais bien à les épurer et à les anoblir; témoins les poèmes d'Ossian, seuls et précieux vestiges de ce trait des mœurs celtiques.

(1) *Barz*, au pluriel *Barzed*, mot celto-breton qui signifie poète; il répond au mot *Bard*, dans le dialecte gaëlique de la même langue. Il est assez étrange que ce dernier mot, tiré d'un dialecte étranger, soit plus connu en France que celui appartenant à une langue encore en vigueur sur le sol français : Il est vrai de dire que les *Barded* Calédoniens continuèrent leurs chants patriotiques, lorsque les *Barzed* Armoricains avaient été depuis longtemps massacrés en masse par les Romains, pour réprimer leurs perpétuelles incitations à la révolte, et que ceux du pays de Galles avaient subi le même sort pour le même motif par ordre d'Edouard Ier ce qui fait que ces deux corps de chantres nationaux n'ont point laissé de littérature qui soit venue jusqu'à nous.

Jusque-là, nulle médiation n'était possible entre les envahisseurs du pays et les regnicoles ; mais il n'en fut plus ainsi, quand les maîtres eurent embrassé la religion de leurs *sujets* (1) ; le clergé, qui appartenait en masse à la nation opprimée et qui avait d'ailleurs un motif plus élevé que celui-là pour se dévouer à sa défense, ne faillit pas à sa mission libératrice. D'ailleurs, Dieu qui n'abandonne jamais la France dans ses jours d'épreuve, peupla comme par enchantement, les siéges épiscopaux d'une foule de grands hommes qui, par leur génie, par leurs vertus, par la gravité de leurs mœurs, obtinrent un légitime ascendant sur des guerriers généreux, mais illettrés ; en sorte, qu'on a pu dire, avec raison, que la France fut une monarchie fondée par des Evêques. Il est juste de reconnaître aussi que l'œuvre d'affranchissement progressif dont la glorieuse initiative appartient notoirement au clergé, fut puissamment secondée par la piété éclairée de plusieurs Princes, notamment de Charlemagne.

Antérieurement à ce Monarque, la question sociale était ainsi posée : soumettre la force brutale à une autorité morale, digne de confiance et capable de concilier le *fait* de la conquête avec le *droit* de l'humanité ; l'Eglise se chargea de la solution : elle la trouva dans le contrat d'investiture, dont l'initiative lui appartient et auquel elle pouvait seule donner la sanction morale. Est-il besoin de dire

(1) *Subjecti*, vaincus.

qu'en l'absence d'une foi religieuse commune aux maîtres et aux sujets, il n'existe entr'eux ni droits, ni devoirs réciproques, mais seulement un fait violent dont ceux-là profitent sans scrupule de conscience et auquel ceux-ci se soumettent par nécessité de position. Mais sous un pareil régime, dès que l'opprimé voit le moindre jour à secouer le joug, il le fait, sans qu'aucune loi morale vienne s'y opposer, ce qui rend la situation du maître excessivement précaire, bien que celle du sujet soit rarement améliorée par la révolte. En cette occurrence, l'autorité spirituelle s'interposa entre les oppresseurs et les opprimés, et proposa aux premiers de faire de leur puissance un usage humain et tutélaire, et aux derniers d'accepter, sans arrière-pensée de révolte, l'autorité du maître, désormais renfermée dans la limite tracée par la puissance médiatrice. Cette transaction fut acceptée ; dès-lors le seigneur eut des devoirs à remplir à l'égard du vassal et réciproquement ; mais aussi l'autorité, qui n'était jusque-là qu'un fait contesté, devint un droit reconnu, et l'obéissance, qui n'était qu'une pénible nécessité, devint un devoir moral et relativement supportable.

Tel fut, en substance, l'esprit qui présida au contrat d'investiture, contrat plus précieux par le germe de progrès social virtuellement contenu en lui que par son résultat, qui souvent se réduisit à un faible bénéfice immédiat ; toutefois, grand ou petit, sachons l'apprécier par comparaison : il y avait à peine deux siècles que les mêmes circonstances s'étaient présentées dans la Gaule Armorique, lorsque les Romains eurent envahi cette contrée et que sa belliqueuse population, impatiente de leur joug, s'insurgea à réitérées fois contre eux; or entre les Romains polythéistes et les Armoricains encore soumis au culte druidique, il n'y avait pas de transaction morale possible; aussi, à chaque nouvelle révolte, le conquérant revenait-il en forces, parcourant la contrée et n'y laissant que cadavres et ruines, plus un poteau sur lequel était écrit cette brève légende : *Hâc transiit César*. Aussi arriva-t-il que la province fut, en moins d'un siècle, presque entièrement déserte, et dut recevoir un renfort de population de la Cambrie. Charlemagne lui-même, usa de ce procédé rigoureux à l'égard des Saxons, fait que l'histoire lui reproche justement à certains égards; voici pourtant ce qui l'explique, sans toutefois le justifier : entre les Saxons, adorateurs d'Odin et l'Empereur des Francs actuellement chrétiens, le contrat synallagmatique que je viens de décrire et qui puise sa force dans la religion, n'était pas réalisable; que pouvait donc faire, en pareil cas, un conquérant récemment éclairé des lumières de la foi et qui tenait encore de la barbarie de ses proches aïeux, contre un vaincu qui se refusait obstinément à subir les conséquences de sa défaite? Le premier moyen de solution qui dut se présenter à lui pour ne pas perdre tous les fruits de sa victoire, ce fut, hélas!

l'extermination, et c'est à peine si, après dix-huit siècles de progrès social, les guerriers les plus humains, placés dans les mêmes circonstances, en cherchent un autre. C'est pourquoi rendons grâce au génie du christianisme qui, en introduisant dans le droit public de la chrétienté le contrat d'investiture féodale, sous la sanction de l'autorité ecclésiastique, a soumis la force brutale à des devoirs moraux et fait reconnaître en principe les droits de l'humanité.

J'ai dit plus haut que toute dynastie apporte, en naissant, une raison d'existence quelconque; cette raison n'est autre que la volonté et le pouvoir qu'elle a, ou qu'on lui suppose de résoudre la question sociale actuellement pendante; or l'auguste fils de Charles Martel arriva au trône, à une époque où la force brutale tenait lieu de droit, et où les possesseurs de francs alleux étaient à la fois maîtres du sol et du cultivateur, sans que nulle puissance médiatrice limitât ce droit absolu de propriété, tant sur l'homme que sur la chose. Ils étaient, en outre, indépendans dans leur action politique respective, et le pouvoir du monarque, quoique supérieur à chacun d'eux, ne servait pas à les relier entr'eux; en sorte que les moindres seigneurs pouvaient se faire la guerre de château à château, comme se la font aujourd'hui les grands états, à la honte de la civilisation. Le régime allodial était, comme on le voit, une véritable anarchie; en lui substituant la hiérarchie féodale,

Charlemagne fit donc faire un grand progrès à la société nouvelle née de la conquête ; mais ce n'est pas là son seul titre de gloire : le plus grand, sans contredit, est d'avoir compris que l'ordre matériel doit puiser son principe de vie au foyer spirituel, et que l'autorité séculière n'est légitime qu'en tant qu'elle s'inspire à la source religieuse de l'utile et du vrai. Peut-être ce principe essentiel de la vie des nations avait-il été révélé à son génie par voie d'analogie, en observant combien l'homme est un être abject et impuissant, quand il se laisse conduire par ses passions-brutales, en l'absence d'un mobile supérieur, tandis qu'il participe de la puissance et de la gloire divine, quand il soumet les appétits de la chair aux lumières de l'esprit et aux inspirations de la religion.

Cependant le système féodal dont tous les élémens se coordonnaient parfaitement, en descendant l'échelle hiérarchique, depuis le grand feudataire de la couronne, jusqu'au simple châtelain, présentait deux vices d'organisation : d'abord dans les rapports entre le Monarque et ses grands vassaux, celui-là n'ayant pas sur ceux-ci une autorité suffisante ; ensuite dans les rapports entre le seigneur et le vilain, le premier exerçant sur le dernier une autorité exorbitante. Ce double vice organique fut une cause radicale de décadence et de mort pour le régime féodal qui du reste ne pouvait avoir, dans les vues de la Providence, qu'une valeur de transition ; dès que la société eut conscience de son mal, deux nouvelles questions politiques se trouvèrent posées : 1° réduire la puissance des grands feudataires de la couronne ; 2° affranchir la classe agricole de son état de servage. La solution de ce double problème dut être l'œuvre d'une dynastie nouvelle, absolument comme dans la monarchie représentative, quand le Roi change de politique, il change de ministère ; cette œuvre fut entreprise par les Capétiens et constitua la raison d'existence de cette dynastie.

Cependant l'œuvre Capétienne ne venait pas se substituer, mais bien s'ajouter à la grande et essentielle raison d'être de la dynastie Carlovingienne ; c'est pourquoi les descendans de Hugues continuèrent, avec la même piété et la même intelligence politique que leurs devanciers, à demander à la religion ses saintes inspirations, et à faire circuler dans toutes les veines de l'organisme social, la sève du plus pur catholicisme. Il est certain du moins que les Rois de la troisième race, jusqu'à Saint-Louis, méritèrent bien les titres d'Evêques extérieurs et de fils aînés de l'Église ; mais on les voit, dans les règnes ultérieurs, dévier peu à peu de cette ligne salutaire, prendre une position véritablement hostile à l'égard du Saint-Siége et usurper les droits de la puissance spirituelle. A partir de Philippe le Bel inclusivement, une série presque continue de Princes, les uns dissolus dans leurs mœurs, les autres dévorés de la soif du pouvoir, la plupart en proie à ces deux vices, supportent impatiemment le contrôle d'une autorité qui, sans avoir qualité pour intervenir dans leurs actes politiques, était néanmoins en droit de les rappeler au principe d'ordre social dont elle était dépositaire et qu'ils avaient mission d'appliquer. Bref, le devoir des Rois très chrétiens fut au-dessus de leur vertu ; en conséquence ils en secouèrent le joug salutaire, pour subir celui de leurs mauvais penchans ; puis enfin, une philosophie outrecuidante et une littérature corruptrice leur venant en aide, ils parvinrent à intéresser à leurs empiétemens successifs sur les droits de l'Église, le peuple même contre qui cette usurpation de pouvoirs devait immédiatement tourner.

Rois de France, vous fûtes, je le dis avec conviction, investis du DROIT DIVIN, mais à quel titre? Uniquement parce que vous aviez accepté le DEVOIR DIVIN ; tant que vous ne l'oubliâtes pas, vous marchâtes environnés de l'auréole sainte qui vous donnait l'inviolabilité ; vous étiez les chefs du peuple missionnaire de la civilisation chrétienne, les grands *démiurges* du progrès social. Cependant la charge s'est trouvée, un jour, trop lourde pour vos épaules devenues caduques, et vous avez entrepris de vous affranchir du devoir, en conservant le bénéfice du droit ; mais comme tout pouvoir humain livré à lui-même, sans contrôle, ni principe régulateur, se déprave nécessairement, vous en êtes tous arrivés à croire, et le plus infatué d'entre vous à dire : « L'Etat, c'est moi. » Or, ce jour-là, une révolution profonde, qui ne devait prendre date qu'en 1793, fut commencée dans les mœurs et amena, en moins d'un siècle, le peuple le plus monarchique de l'Europe à s'écrier : « La loi, c'est nous. » Faisons donc entendre, aux uns et aux autres, la réponse des catholiques éclairés : « Non, superbe Monarque, l'État ce n'est pas toi; c'est nous tous. » Non, présomptueux démocrates, la loi ce n'est pas nous, fussions-nous tous unanimes pour la faire : la loi, c'est Dieu; c'est sa parole vivifiante, dont ni Rois, ni peuple ne s'affranchissent impunément.

Ce qui complique, aujourd'hui, la question d'ailleurs si simple de la séparation des pouvoirs spirituel et temporel, c'est qu'à l'époque où ils co-existaient harmonieusement à côté l'un de l'autre, dans la société du moyen-âge, il s'était opéré entr'eux une foule d'échanges de leurs attributions respectives : par exemple, les Evêques anglais siégeaient dans la Chambre Haute du Parlement, et le Roi d'Angleterre élisait les Evêques; il est clair, pourtant que ce n'était pas en vertu de leurs droits spirituels que les Prélats de la Grande-Bretagne prenaient part à la puissance d'un corps politique; d'un autre côté, les Princes temporels sont, par nature, incompétens à choisir les fonctionnaires de l'ordre spirituel. Je me borne à citer ces deux faits saillans entre une foule d'autres, pour exposer nettement l'état de la question. Si c'était ici le lieu de faire connaître toutes les transactions qui se firent à l'amiable entre l'Église et l'État, l'on se convaincrait facilement que l'Église n'est jamais

entrée en possession d'une attribution temporelle,
en dehors de sa mission. propre, sinon en échange
d'une attribution spirituelle qui lui appartenait
de plein droit. Dans un pareil état de choses, il
fut facile à une critique malveillante de signaler à
l'animadversion publique, de prétendues usurpations
de pouvoirs de la part de l'Église sur l'État ; et les
Rois, à la faveur de l'erreur commune qui était
leur ouvrage, purent reprendre ce qu'ils avaient
donné, sans rendre ce qu'ils avaient reçu. C'est
par ce fréquent abus des concessions qu'elle avait
obtenues de l'Église à titre gratuit, ou onéreux,
que la puissance séculière est parvenue peu à peu,
dans certains pays, à s'emparer de l'autorité spirituelle, jusqu'à oser décréter, un jour, que les
deux pouvoirs étaient désormais confondus dans les
mains du Prince. Les choses n'en sont jamais arrivées
là en France, Dieu merci ; mais le gallicanisme
était évidemment un grand pas fait dans les voies
qu'avait suivies l'anglicanisme. Nous examinerons,
plus tard, ce que les peuples ont gagné, ou pour
mieux dire, ce qu'ils ont perdu en liberté à cet
effacement plus ou moins complet de l'autorité spirituelle ; quoi qu'il en soit, nous en avons dit assez,
pour faire naître cette sérieuse réflexion : les Rois
de France, après avoir dépouillé à leur profit l'Église
de ses droits tutélaires, n'ont-ils pas mérité que
leurs sujets en vinssent, à leur tour, à les dépouiller
des leurs, beaucoup moins précieux à la liberté ?

En définitive, les Rois s'en vont, comme on l'a

dit avant nous ; or, les catholiques intelligens qui n'ont point contribué à les chasser, seront les derniers à les rappeler; n'ai-je pas dit que nous avions deux flambeaux, pour guider nos pas dans la voie du progrès social : l'expérience tirée de l'histoire et la parole de Dieu, souvent couverte du voile analogique, mais parfois explicite et claire comme le jour; c'est sous cette dernière forme qu'elle se présente à nous, pour former notre jugement concernant le mérite des Rois.

« Les anciens d'Israël s'étant donc assemblés,
» vinrent trouver Samuel à Ramatha, et lui dirent :
» Vous êtes devenu vieux et vos enfans ne marchent
» pas sur vos traces Nommez-nous donc un Roi,
» comme en ont toutes les nations, afin qu'il nous
» gouverne. Ces paroles, nommez-nous un Roi,
» déplurent à Samuel ; toutefois, il consulta Dieu
» dans la prière. »

« Et le Seigneur lui dit : écoute la voix de ce
» peuple en tout ce qu'ils te disent ; car ce n'est
» point toi qu'ils rejettent ; *c'est MOI, afin que je*
» *ne règne plus sur eux.* »

« Écoute donc dès-à-présent leur demande ; mais
» déclare leur les droits qu'exercera le Roi sur eux. »

« Samuel rapporta au peuple qui lui avait demandé
» un Roi, tout ce que le Seigneur lui avait fait en-
» tendre, disant : Voici quel sera le droit du Roi
» qui vous gouvernera : Il prendra vos enfans, pour
» conduire ses chars et pour en faire ses cava-
» liers, qui marcheront devant lui. »

« Il en fera des soldats et des officiers pour son
» armée ; il prendra les uns pour labourer ses
» champs et pour recueillir ses blés , et les autres
» pour lui faire des armes et des chariots. »

« Il prendra vos filles, pour se faire apprêter des
» parfums , ainsi que le pain et les mets de sa
» table. »

« Il prendra aussi vos champs, vos vignes et vos
» meilleurs plants d'oliviers, pour les donner à ses
» serviteurs. »

« Il vous demandera la dîme de vos blés et de
» vos vignes , pour donner à ses eunuques et à
» ses serviteurs. »

« Il prendra vos serviteurs, vos servantes et vos
» jeunes gens les plus forts , avec vos ânes ; et il
» les fera travailler pour lui. »

« Il prendra la dîme de vos troupeaux et vous
» serez ses esclaves. »

« Vous pousserez alors des cris en voyant ce
» qu'est un Roi , et le Seigneur ne vous exaucera
» pas. » (1)

Il faudrait qu'on fût bien entêté royaliste, pour
être sourd à la leçon divine que je viens de citer ;
car, assurément, le tableau que Dieu trace des
procédés ordinaires à la royauté n'est pas de nature
à nous en rendre enthousiastes ; cependant le peuple
Juif était descendu à un tel degré d'abaissement
religieux , que l'autorité royale lui était devenue

____

(1) Les Rois. Liv. 1. Chap. VIII.

nécessaire, sous peine d'être désemparé du principe d'unité qui, en l'absence de la royauté divine, ne peut se passer d'une royauté humaine. Aussi Montesquieu a-t-il dit avec raison, que le principe de la République est la vertu ; or nous savons où les vertus civiques, que du reste je suis loin de conspuer, ont conduit les Républiques Grecques et Romaine : ces vertus *ont reçu leur récompense* dans le temps ; mais ont-elles préservé la cité Romaine de tomber en putréfaction, et les cités Grecques de disparaître, un beau jour, comme un brouillard du matin, sans laisser de traces? Il n'y a que les vertus chrétiennes qui puissent conduire la société humaine à son but final, l'établissement du règne de Dieu sur la terre, précieux, quoique pâle avant-coureur du règne de Dieu dans le ciel. En conséquence, la question actuelle consiste à savoir si le peuple Français est assez riche en vertus pour n'avoir plus à craindre, ni à désirer le rétablissement de la royauté : il le sera un jour, je l'espère, nonobstant une foule d'actes récens qui tendraient à faire croire le contraire ; quoi qu'il en soit, il me suffit d'avoir dit à quelles conditions ce but désirable peut être atteint. Pour moi, une République très chrétienne me paraît mille fois préférable à une monarchie nominalement, ou même réellement très chrétienne ; mais, je ne crains pas d'en faire ici l'aveu, une République qui ne puiserait pas son principe de vie dans la doctrine évangélique, et où l'impiété serait officiellement dans les lois et dans les mœurs, m'inspirerait une profonde répugnance et je lui préférerais de beauconp une monarchie qui s'appuierait sur la religion , ne fût-ce qu'incomplètement.

J'ai voulu prouver, à l'aide du texte sacré , que si la royauté est une institution politique destinée à disparaître dans les phases supérieures de la civilisation, elle a eu néanmoins une grande valeur transitoire dans le passé et aurait une valeur supplétive dans l'avenir même, si les vertus chrétiennes continuaient à faire défaut chez les peuples. En définitive, il y a eu de bons Rois en France , y compris Louis XVI le dernier et le plus malheureux de tous. Car j'ai dit que je refusais le nom de Rois à ses successeurs. Concluons de ce qui précède, que si la royauté a fait son temps, les peuples affranchis ne sont pas pour cela dispensés d'une certaine reconnaissance à son égard.

En toute justice, il en devrait être de même à l'égard de l'ancienne noblesse française ; car sans parler des nombreux et éminens services qu'elle a rendus à la chose publique, tant sur les champs de bataille que dans les conseils de l'Etat , elle a passé par la chevalerie du moyen-âge , institution dont je vais faire connaître la haute vertu organique ; j'avoue même qu'il me serait absolument impossible de donner un sens rationnel à la qualification do noble, si je ne disais préalablement ce que fut un chevalier.

Dans les pays où l'aristocratie est autocthone comme le peuple, l'on ne parvient à se rendre compte de son existence, qu'en voyant en elle le résultat de quelque grande supercherie politique, ou l'effet d'un empiétement graduel des hommes habiles et sans conscience sur la liberté des hommes simples et sans défiance ; mais l'histoire ne donne pas lieu à former de semblables conjectures, concernant l'aristocratie française que nous appellerons plus tard une noblesse : son origine est étrangère et résulte de la conquête franque. Mais avant d'entrer plus avant dans cette matière sur laquelle il règne une si grande confusion d'idées, il serait bon d'assigner à certains mots dont le vulgaire fait des synonymes, le sens précis qui leur est respectivement propre : ainsi nous devons indiquer les significations différentes des mots : gentilhomme, noble et patricien, puis nous aurons à prouver la synonymie de certains mots auxquels on attache communément une acception très différente.

Aussi long-temps que le conquérant germain établi dans les Gaules n'exerça sur le peuple vaincu qu'une autorité de fait, ce peuple opprimé ne put se refuser à voir en lui un maître ; mais jusque-là ce maître n'était point un noble, non plus que le Turc n'est un noble à l'égard du raya, non plus que le colon de la Virginie n'est un noble à l'égard de ses nègres; bref, l'autorité que donne la force n'ayant rien de noble en soi, nulle part on ne songea à la qualifier ainsi ; le titre que prenaient les dominateurs étrangers du peuple conquis, était celui de gentilshommes, *gentis homines*, c'est-à-dire HOM-

MES DE LA NATION, attendu que les vaincus avaient perdu leur nationalité propre et étaient exclus du corps de la nation conquérante. Mais, dira-t-on peut-être, si la noblesse n'est pas l'attribution de la puissance, est-elle donc celle de la vertu? Non, la vertu, quelque mérite qu'elle ait devant Dieu, ne constitue pas à elle seule cette qualité composée à laquelle les hommes attachent l'idée de noblesse. Mais quand la puissance de fait se met au service du droit, quand le même individu réunit en lui le pouvoir et le vouloir de faire le bien, alors il est véritablement noble ; ce que nous disons ici d'un individu s'applique également à une catégorie d'individus, ou à une caste : du moment que cette caste s'est vouée solennellement à appliquer sa puissance à des bienfaits envers la société, ou une partie de ses membres, le sentiment populaire la proclame noble, et cette qualification qui lui est donnée spontanément finit par devenir son titre politique.

Ce n'est pas parce que les possesseurs de fiefs se seraient engagés devant Dieu, en recevant l'investiture, à faire quelques concessions aux vilains, qu'ils auraient mérité le titre de nobles ; car celles-ci n'étaient que le prix d'avantages équivalens ; mais lorsqu'ils se prirent d'un saint enthousiasme pour l'institution de la chevalerie et que tous tinrent à honneur d'y être admis, l'appellation de noble fut donnée au gentilhomme, parce qu'il était toujours censé armé chevalier, ou destiné à l'être. Or est-il besoin de rappeler ici en quoi consistaient les statuts de la chevalerie, ce noble et précieux fruit dn christianisme ?

Bien que les capitulaires de Charlemagne témoignent de la sollicitude de ce législateur à l'égard du faible et de l'opprimé, il était moralement impossible qu'il fit succéder subitement à un état politique fondé sur le droit du plus fort, le triomphe absolu de la justice et de la charité ; aussi sous ce règne, et long-temps encore après, nul droit n'était bien en sûreté, s'il n'était protégé par la force. Un pareil désordre social aurait pu se prolonger long-temps et même s'aggraver, si la dureté naturelle à l'homme d'armes n'eut été adoucie par une éducation chrétienne; mais la religion avait dilaté le cœur du guerrier franc, lui avait révélé les voluptés spirituelles que l'homme goûte dans la vertu ; alors les plus avancés dans cette voie morale, ceux animés à un plus haut degré que le commun des hommes des sentimens tendres et généreux qu'inspire la foi à l'Évangile, s'engagèrent par un vœu sacramentel et en présence de Dieu, à suppléer à l'impuissance de lois, en consacrant leur épée à la défense du faible et de l'opprimé et au redressement des torts de l'homme enclin à mésuser de sa force. La veuve et l'orphelin eurent dès-lors un recours assuré contre les abus de la puissance ; le sexe faible eut droit aux égards et à la préséance de la part du sexe fort ; enfin cette sainte et glorieuse institution imprima aux mœurs de la nation conquérante un cachet de bonté tutélaire intimement unie à un courage à toute épreuve ; or c'est à cette alliance intime des deux qualités opposées que la voix du peuple, qui était bien, cette fois, la voix de Dieu, décerna le titre de noblesse.

Roland, neveu de Charlemagne, ouvre cette glorieuse ère de civilisation chrétienne, et bientôt la chevalerie est en si grand honneur dans l'opinion universelle, que nul homme de la race conquérante ne croit pouvoir se dispenser d'être fait chevalier ; voilà, je le répète, à quel titre tout gentilhomme fut de droit présumé noble, et cela est si vrai qu'il no suffisait pas d'être noble pour avoir qualité de gentilhomme ; en effet, arrivait-il qu'un homme du peuple s'élevât par son courage et par ses vertus, jusqu'à être armé chevalier, à partir de ce moment là il était noble ; mais il n'avait pas pour cela changé de nation : né Gaulois, il ne devenait pas, en chaussant les éperons d'or, immédiatement Franc ou Burgonde, et ce n'était qu'au bout de quatre générations que ses héritiers étaient réputés *hommes de la nation* conquérante ; en d'autres termes, il fallait quatre quartiers de noblesse, pour être reconnu gentilhomme.

Chacun sait que l'aristocratie, ou si l'on veut, la noblesse provenant immédiatement de la conquête, a été renouvelée intégralement plusieurs fois, résultat inévitable des grandes guerres, où elle payait toujours de sa personne ; l'on sait aussi que la chevalerie finit par dégénérer de son institution primitive ; la création des ordres de chevalerie, ouvrage des Rois et l'usage qui s'introduisit dans les familles nobles de donner aux cadets le titre de chevalier, jettent une certaine confusion dans l'histoire philosophique de la chevalerie dont je viens de donner la substance ; quoi qu'il en soit, si je ne suis pas entré dans l'analyse des faits, je crois avoir tracé fidèlement la marche des idées, et voici ce que j'en conclus : l'ancienne aristocratie française est résultée de la conquête, elle a été anoblie d'abord par l'esprit de la chevalerie et dégradée ultérieurement par l'extinction du sentiment chevaleresque et par l'étrange abus que les Rois ont fait de leur pouvoir de conférer la noblesse. Le droit de cité, dans l'antiquité païenne, résultait également du droit de conquête : les esclaves n'étaient autres que des captifs que le vainqueur s'était appropriés ; en sorte, qu'abstraction faite de l'élément chevaleresque, qui fut inconnu des peuples païens, le titre de citoyen est parfaitement synonyme de celui de gentilhomme.

Quant à moi, je le déclare, je n'aime les titres nobiliaires d'aucune sorte, et celui emprunté à la cité païenne moins que tout autre ; en effet, jamais les priviléges des gentilshommes n'ont pesé sur les vilains d'une manière aussi dure et aussi atroce que le pouvoir des citoyens Romains sur leurs esclaves, et celui des citoyens de Sparte sur les Ilotes ; d'où vient donc cet engouement des républicains modernes de France pour un titre aussi odieux à l'humanité que celui de citoyen ? Quand je leur pose cette question, ils répondent qu'il a perdu tout ce qu'il pouvait avoir d'illibéral, en devenant commun à tous, dans une société où nul n'est exclu du droit de cité ; mais s'il est vrai qu'en perdant ce caractère exclusif, il ne soit pas devenu un contre-sens grammatical, pour quelle raison l'avoir préféré à son synonyme d'origine nationale? Il eût été plus simple, ce me semble, de décréter que les résultats de la conquête ayant depuis long-temps disparu en fait, la République les déclarait abrogés en droit, et qu'à l'avenir, tous les Français ne formant plus qu'une seule et même nation, sans distinction de conquérans et d'asservis, tous par conséquent sont membres de la nation, *gentis homines*, en un mot, tous gentils-hommes. Il ne serait pas moins euphonique de dire : gentilhomme préfet, gentilhomme maire, gentilhomme garde champêtre, que citoyen préfet, citoyen maire, citoyen garde champêtre, et ce serait, selon moi, beaucoup plus honorable pour les titulaires : je viens d'en dire la raison : le gentilhomme français valait cent fois mieux que le citoyen de Rome et mille fois mieux que celui de Sparte.

Est-ce Genève qui nous a inspiré cette préférence pour le titre en question ? Jean-Jacques Rousseau, citoyen de ce canton, avait au-dessus de lui les patriciens ; mais les bourgeois n'avaient pas droit au titre de citoyen ; et, au-dessous des bourgeois, il y avait d'abord les habitans qui n'étaient pas bourgeois , puis les domiciliés qui n'avaient pas qualité d'habitans, puis je ne sais quoi encore. Dans la République modèle, je ne pense pas que le titre de citoyen soit accordé au nègre de la Caroline , que son maître a acheté sur le marché, comme un cheval , ou un bœuf. De grâce , mes chers compatriotes , si vous tenez à vous donner la physionomie de serviles imitateurs , veuillez du moins emprunter vos locutions à de plus dignes modèles. La monarchie constitutionnelle avait son *pays légal*, terme nouveau équivalant à droit de cité et privilége nobiliaire , autre synonimie que personne n'a songé à dénoncer.

Cependant, si j'ai suffisamment expliqué ce qu'était la noblesse dans l'ancienne monarchie Française, je n'ai pas encore dit pourquoi elle a dû disparaître, ni pourquoi son éviction est définitive, sans qu'elle puisse avoir part à la sorte d'amnistie morale faite à la royauté défunte. Faisons observer d'abord que l'opinion vulgaire, qui confond l'ancienne noblesse de France avec un patriciat analogue à celui de Rome, est essentiellement erronée : le patriciat est une dignité politique à laquelle s'attache, à raison ou à tort, l'idée d'un principe organique : la noblesse instituée par décret impérial de Napoléon présente assez ce caractère ; mais le corps des gentilshommes, autrement dit, la noblesse féodale , est comme je l'ai dit, une domination résultant d'un fait violent, la conquête, et quoi qu'elle ait fait ultérieurement, pour légitimer sa puissance usurpée, ce n'en est pas moins là un vice d'origine qui justifierait la répulsion dont elle est l'objet de la part du peuple , quand bien même de meilleures raisons ne viendraient pas se joindre à celle-ci.

Il est naturel que toute corporation généralement réputée excellente songe à se préserver de l'intrusion des indignes ; mais il ne lui importe pas moins de s'adjoindre tous les dignes ; or l'on sait que la noblesse , par plusieurs causes indépendantes de sa volonté, dut ouvrir ses rangs à une foule de sujets assez peu recommandables par eux-mêmes , tandis que d'autres possédant la noblesse de fait furent exclus de celle de droit. Il est vrai qu'on est venu à reconnaître , mais trop tard pour pouvoir profiter de la découverte, qu'il est dans tous les cas juste et utile de consacrer en droit toute excellence qui existe en fait ; mais, en admettant même que ce principe passif suffise aux règles de la saine politique , il ne saurait suffire aux devoirs de la religion ; du moins est-il dans l'esprit du christianisme que l'homme haut placé dans l'estime générale travaille activement à élever les inférieurs au même niveau social que lui ; car c'est une déplorable erreur que de croire que les grands ne sont tels qu'à la condition qu'il y ait des petits, et que pour qu'il y ait des riches, il faut nécessairement qu'il y ait des pauvres ; autant vaudrait dire qu'il n'y aura des bons que moyennant qu'il y ait des méchans. En conséquence si ce cri féroce : à bas les nobles, est parti des rangs infimes ; c'est que les nobles n'avaient pas eu la généreuse pensée de crier : en haut le

peuple; et si le pauvre a juré la ruine du riche , c'est
que le riche n'a pas eu le cœur assez large pour en-
treprendre sérieusement d'élever le pauvre à l'aisance ;
l'action du pouvoir d'en haut fut mauvaise ; la réaction
du pouvoir d'en bas n'est pas meilleure ; ainsi *va
ce monde livré à la dispute des hommes.*

La noblesse française fut , sans contredit, celle de
tous les pays de l'Europe , la plus humaine et la moins
arrogante ; mais elle avait affaire à un peuple fier
et irritable , quoique naturellement doux et généreux. Le cri libérateur tardant à se faire entendre
d'en haut, il a poussé d'en bas son cri destructeur,
et la noblesse a disparu de nos institutions. Il
semble, toutefois , que le temps est venu d'oublier
ses torts, comme nous avons su oublier ceux de la
royauté ; cependant, pour quiconque sait lire dans
l'opinion publique , il s'en faut qu'il en soit ainsi ;
quelle est donc la cause de cette longue rancune?
Ce que j'ai dit plus haut l'explique : Le Roi n'exer-
çait sur les sujets qu'une autorité médiate ; or ,
l'expérience prouve, que le pouvoir ainsi placé, est
dans la condition la moins défavorable à la popu-
larité ; le sujet souffre-t-il d'un ordre arbitraire émané
du Prince, mais exécuté par ses agens inférieurs :
oh! si le Roi le savait, s'écrie le patient dans sa
simplicité. Mais l'aristocratie est en contact plus
direct avec le peuple, le pouvoir qu'elle exerce sur
lui est incessant et pénètre dans les actes de la vie intime, sans intermédiaires sérieux auxquels le ressenti-
ment populaire puisse se prendre, le cas échéant; il est

d'ailleurs dans la nature des choses que tout homme, ou toute classe d'hommes supportent les supériorités sociales d'autant plus impatiemment que celles-ci se rapprochent davantage de leur niveau ; tandis qu'il est relativement facile à une autorité placée très haut de se rendre populaire, à vrai dire , au préjudice des autorités inférieures et immédiates.

Cette particularité de la vie politique n'était pas un secret pour certains gouvernemens , ainsi que des faits récens l'ont prouvé d'une manière déplorable ; loin de moi de croire que les cabinets spoliateurs de la Pologne aient préparé de longue main le massacre des nobles par les paysans ; mais le pouvoir qui pèse sur la Gallicie a eu fort bien prendre ses mesures, pour entretenir et envenimer l'antipathie naturelle des sujets contre l'autorité immédiate de l'aristocratie ; c'est un chapitre de plus à ajouter au code de Machiavel. Quoi qu'il en soit, je déclare en pleine connaissance de cause, que l'institution nobiliaire est tout ce qu'il y a de plus impopulaire en France ; à la moindre crainte de son retour, l'on voit se réveiller de vieux griefs qu'on aurait pu croire oubliés de la génération actuelle, puisqu'il est vrai qu'elle n'a jamais vu cette institution en vigueur ; c'est cette fixité de l'opinion publique qui m'a autorisé à dire que la noblesse de nom et d'armes n'avait pas de grâce à obtenir, même après sa complète extinction. Cependant si le pouvoir constituant a agi dans son droit, en abolissant les privilèges nobiliaires, il me semble

qu'il l'a dépassé, en supprimant le titre de geetil-
homme : il eût été à la fois plus logique, plus
juste et d'une meilleure politique de l'étendre progressivement à tous les membres de la nation

Cependant, tout en repoussant l'institution nobiliaire, que le peuple français se garde bien de faire de
l'ostracisme à l'égard des personnes ; car ce serait
une bien grande faute que de priver la patrie des services d'une foule d'hommes considérables à plusieurs
titres, et cela pour l'unique raison qu'ils appartiennent à des familles jadis privilégiées. Je ne puis être
suspect de partialité intéressée envers celles-ci ;
toutefois je déclare qu'il s'en faut que la classe
bourgeoise, prise collectivement, fasse un usage aussi
honorable de la richesse que le fait l'ancienne aristocratie, à moyens égaux de part et d'autre. Que ne
m'est-il loisible de citer des noms propres à l'appui
de ce que j'avance ! Je conduirais le lecteur dans
tel ou tel manoir d'origine féodale, d'où le luxe
matériel est presque banni, non par impuissance,
mais parce que les maîtres de la maison consacrent
la meilleure portion de leurs revenus à des actes de
charité, se faisant un devoir de soulager toutes les
souffrances inaperçues du législateur, et que les
vices organiques de la société font surgir autour
d'eux.

Néanmoins, en rendant justice à l'ancienne noblesse, je ne serai pas injuste envers une foule de
familles bourgeoises, qui ne le cèdent à aucune en
désintéressement et en charité. Au reste le temps

est venu où la distinction que je fais encore ici est près
de s'effacer entièrement de la mémoire des hommes, et où les classes inférieures de la société dé-
cerneront spontanément le titre de noble à quiconque
fait un noble emploi de la fortune ; ce serait, à
vrai dire, le germe d'une aristocratie nouvelle, fondée
sur les vertus chrétiennes jointes à la puissance effec-
tive ; mais quoi ! à moins d'accorder aux pauvres
le droit de piller les riches, ce qui leur profiterait
peu, il n'y a pas grand mal à honorer les riches
qui s'obligent à servir les pauvres. Quant à moi,
je suis convaincu que cette aristocratie-là sérieusement constituée, c'est-à-dire, engagée par vœu religieux à consacrer, dans la plus large mesure possible,
ses richesses à l'amélioration matérielle et morale
du sort de la classe inférieure, conduirait la société
à ce régime, objet de nos désirs, et que j'appelle
le *règne de Dieu* sur la terre, règne qui consiste
comme nous l'enseigne l'apôtre, *dans la paix et
la joie que donne l'Esprit saint* (1).

Prince de l'ère nouvelle, c'est toi qui conduiras
le peuple Français vers ce règne fortuné, et qui
appelleras sur ses traces les deux grands peuples
Britannique et Germanique ; par ces trois puissances
civilisatrices les autres peuples seront tous entraînés
dans la même voie de salut social. Cette mission
avait-elle été confiée aux Rois ? Oui, partiellement,
mais non intégralement ; dans tous les cas, elle

(1) St. Paul aux Romains. Chap. XIV, V. 17.

dut leur être retirée, lorsque leur nom fut devenu un mensonge ; or voici comment le nom de Roi a pu devenir un mensonge : Que les linguistes parlent et nous disent si les mots *rectus*, *regere*, *rex* ne dérivent pas d'une même racine exprimant l'idée de rectitude dans la chose , dans l'action, dans le pouvoir. S'il en est ainsi, *Rex* est l'homme appelé à conduire la société dans la voie droite qui lui est tracée par Dieu ; mais du moment où il dévie de cette voie et en écarte la société , il lui fait manquer son but essentiel ; à partir de là, il cesse d'être *Rex*. Ces notions sont si anciennes et si simples que beaucoup de bons esprits voudront n'y voir que des lieux communs ; toutefois, je n'ai pas cru devoir les passer sous silence.

On a si souvent comparé l'Etat à un char, que je suis presque honteux de recourir à cette figure surannée ; j'espère, toutefois, qu'elle aidera à rendre ma pensée claire : on sait, à cette heure, d'après ce que je viens de dire, qu'un Roi n'est autre que le conducteur de ce char qui porte un peuple et que le devoir de l'auguste Automédon est de conduire le véhicule populaire, sinon jusqu'à son but divin, du moins dans la vraie direction de ce but ; tout écart à droite ou à gauche est une forfaiture de sa part. Mais les dynasties royales n'ont eu toutes, jusqu'à présent, qu'un médiocre espace à parcourir sur cette grande route qu'on appelle le progrès social ; la légitimité de chacune d'elles a commencé avec sa mission providentielle , et a dû finir avec elle ;

du moins sa déchéance a résulté inévitablement de son impuissance à s'approprier une mission nouvelle plus haute et fondée sur les besoins ultérieurs de la société. Ce que j'ai dit, au sujet de la raison d'être des dynasties Carlovingienne et Capétienne, confirme amplement la théorie que je viens d'exposer.

Parlons franchement, ce n'est pas aux Rois qu'est réservé l'insigne honneur de conduire la société à son but, en d'autre termes, de fonder le règne divin de l'Unité, puisqu'en condescendant à l'établissement de la royauté, Dieu a considéré la demande que lui en faisait le peuple Juif comme un acte insensé et coupable : insensé puisqu'il est dans la nature du pouvoir royal de se dépraver et de tendre à des abus crians ; coupable, puisque c'était une renonciation implicite à être gouverné par Dieu même. Or, comme les esprits légers et impatiens pourraient croire que le futur Modérateur de la République ne différera d'un Roi que par le nom et par quelques restrictions constitutionnelles à son autorité, je les prie de suspendre leur jugement, jusqu'à ce qu'ils aient pris connaissance de la partie didactique de cet ouvrage ; mais qu'on veuille bien, dès-à-présent, me croire sur parole, la différence sera telle, qu'on n'apercevra pas le moindre trait de ressemblance entre ces deux dignités ; le principe de l'autorité, son mode d'action et son but manifeste différeront autant de l'une à l'autre, qu'un terme positif diffère d'un terme négatif.

Prince de la liberté, je veux, néanmoins, que l'histoire des Rois serve à t'instruire : j'ai proclamé légitimes ceux d'entr'eux à qui les besoins intimes de la société furent révélés, avant qu'elle-même en eût clairement conscience, et qui, après avoir saisi avec sagacité les questions sociales résultant implicitement de ces besoins nouveaux, surent les résoudre et furent à même d'appliquer leurs solutions dans l'ordre des faits. Les mêmes conditions de légitimité te seront imposées, sauf que ta mission consistera dans l'achèvement de l'édifice social, tandis que celle des Rois a été d'en préparer les matériaux.

Dirai-je, maintenant, les causes les plus radicales d'illégitimité, soit d'un Roi, soit d'un Chef de République ? C'est quand le caractère et les vues personnelles du Prince sont hétérogènes avec le caractère et la mission sociale du peuple qu'il gouverne. Il n'est pas nécessaire de remonter bien haut dans l'histoire de notre pays, pour y trouver la preuve de cette assertion : certes, Louis-Philippe était une tête bien organisée ; nul chef d'état n'a possédé à un plus haut degré que lui, l'intelligence des *affaires* publiques et n'a mieux servi les intérêts matériels des régnicoles ; on lui a reproché son système de corruption comme fort coûteux ; c'est vrai, mais est-ce que la corruption n'est pas le grand et indispensable ressort de la monarchie constitutionnelle ? Malgré ce chancre rongeur, et quoi qu'on ait pu dire, depuis la Révolution de Février, sous ce règne si antipathique aux Français, le

crédit de l'État a atteint son apogée, les finances
ont prospéré, le commerce haut et bas a gagné de
l'argent, les capitalistes ont trouvé à faire valoir
leurs fonds avantageusement, le territoire français
a été sillonné de chemins de fer, et tous ces avantages ont été dus en majeure partie à l'habileté
du Monarque ; pourquoi donc celui-ci a-t-il été
vomi avec un profond dégoût, même par cette
immense portion de la nation qui n'a point partagé
les colères des révolutionnaires ? Ah! c'est que ces
avantages étaient exclusivement matériels et que la
France veut vivre de la vie du cœur.

Si ce Prince qui était, comme chacun sait, la
personnification du matérialisme politique, eût été
placé sur trône de la Grande-Bretagne, non seulement il n'eût pas été détrôné, mais après sa mort
on eût placé sa statue sous les arcades du *Royal-
Exchange* ; car la nation anglaise, ainsi que je l'ai
déjà fait entendre, professe en masse le culte des
intérêts matériels, et lors même que son gouvernement essentiellement utilitaire et d'accord en cela
avec le sentiment national, adopte une mesure d'intérêt humanitaire, l'on peut être assuré d'avance
que celle-ci est motivée, au moins subsidiairement,
par quelque calcul d'intérêt Britannique. « J'appuie,
» disait un Membre de la Chambre des Communes,
» la demande faite par le ministère d'une alloca-
» tion de fonds destinée à subventionner les missions
» chez les Indiens d'Amérique ; car quand bien même
» nous ne réussirions qu'à rendre ces sauvages assez

» chrétiens pour porter culotte, ce serait toujours
» un bon débouché pour nos manufactures. »

Cette sanglante ironie lancée par Horne Tooke
contre l'esprit de la politique anglaise est si peu
une exagération, qu'aujourd'hui même, les feuilles
publiques rendent compte d'un débat du parlement
Britannique, où des argumens de cette nature ont
été produits à l'appui du *bill* destiné à porter une
première atteinte aux statuts de 1698, émanés de
l'intolérance protestante. Les catholiques qui obser-
vent avec bonheur la tendance de l'Église angli-
cane à rentrer dans le giron maternel, et auxquels
le *bill* en question a pu sembler un symptôme
d'accession du gouvernement à cette disposition universelle, feront bien de se réjouir modérément du
nouvel acte parlementaire ; car c'est en grande partie
à des motifs fort terrestres qu'il convient d'attribuer
l'initiative que le ministère a prise en cette occurrence et l'adhésion des chambres à la mesure proposée ;
au reste voici les raisons principales qui portent le
gouvernement anglais à désirer établir des relations
officielles avec le Saint-Siége : 1° Un ambassadeur
à Rome favorisera le commerce anglais dans les
États du Pape et pourra négocier un traité de commerce ; 2° les États Romains auront sans doute un
jour des chemins de fer ; or si la Grande-Bretagne
est en bons rapports avec le gouvernement pontifical,
ces voies de communications serviront à ses sujets,
pour les voyages, la correspondance et le trafic
entre la métropole et les Indes Orientales. Pends-

toi après cela, Horne Tooke, si tu es encore de ce monde : tu n'as pas trouvé mieux.

Voilà pourtant la politique, telle que Louis-Philippe, les trafiquans et les gens d'affaires à sa suite l'entendaient et la pratiquaient; elle peut, je le sais, convenir en certaine mesure à l'Angleterre ; mais elle ruinerait la puissance morale de notre patrie ; il y a d'ailleurs dans les entrailles de la nation Française une autre politique qui lui crie que rien de ce qui intéresse la justice et les droits de l'humanité ne saurait lui être étranger. Celle-ci l'on croyait naguère la discréditer en lui appliquant l'épithète de chevaleresque ; mais, Dieu merci, l'esprit de la boutique n'a pas eu le temps d'entrer assez avant dans nos mœurs, pour que tout Français ne regarde encore cette qualification comme synonyme de brave, loyal et généreux. Pour faire excuser leur système de paix à tout prix, ces gens-là alléguaient avec une certaine apparence de raison , que la France ne pouvait pas s'ériger en redresseur de torts universel ; en conséquence, pour lui épargner le rôle de Don Quichotte, ils lui imposaient celui de Sancho Pança. Je sais qu'avec un peu d'esprit on parvient facilement à frapper de ridicule les plus nobles caractères ; mais un homme qui avait encore plus de cœur que d'esprit, Châteaubriand a déclaré que Don Quichotte, abstraction faite de sa folie, matière purement médicale, était à ses yeux le meilleur et le plus sage des hommes ; mais quoi qu'on fasse en vue de placer Sancho sous un jour moins caricaturesque que ne l'a fait Cervantes , ce sera toujours, nonobstant son bon sens positif, l'homme charnel dans toute son ignoble nature. Non, ce ne sera jamais là , je l'espère , la physionomie du peuple français ; c'est le blesser dans sa dignité et trahir ses véritables intérêts que de lui imposer une politique de ce caractère.

Nous avons en français un mot qui manque et devait manquer à la langue anglaise : c'est le mot PATRIE; on dit en anglais *the country,* le pays ; or nos matérialistes politiques incapables de comprendre le mot patrie, se servaient constamment du mot : *pays* ; malencontreux imitateurs , quelque chose vous disait donc que ce dernier mot suffisait à votre pensée et que l'usage de l'autre vous était logiquement interdit. En effet , le pays est le lieu où nous trouvons nos moyens usuels d'existence , où nos propriétés sont situées , nos fonds placés , où nos affaires ont leur siége principal ; mais la patrie c'est le sol béni où nos cœurs ont commencé à s'épanouir aux purs rayons de la foi, où nos affections les plus chères nous rappellent toujours, alors même qu'elles n'ont pas eu le pouvoir de nous y retenir ; c'est le milieu sympathique où nous sommes entendus, souvent sans le secours de la parole ; c'est le foyer vivifiant de nos souvenirs et de nos espérances. Ah! je le conçois, cette expression était trop sentimentale pour vos sèches doctrines, il vous fallait des locutions plus matérielles.

J'ai signalé cette déviation à l'ancien vocabulaire politique, parce que je l'ai considérée comme un trait caractéristique du gouvernement de Louis-Philippe ; mais que d'actes l'on pourrait citer, à preuve de l'esprit anti-français de ce triste règne ! Quant l'autocrate Russe eût terrassé l'infortunée Pologne, en 1831, et lui tînt de nouveau le couteau sur la gorge, un ministre du Roi des Français vint annoncer que l'ordre régnait à Varsovie..... et la Bourse rassurée continua tranquillement ses affaires, pendant que le sang bouillait aux veines de la France. Entends bien ceci Modérateur futur de la République : c'est de ce jour de honte que date la déchéance de Louis-Philippe ; à partir do là, les gens mêmes qui par leurs habitudes sociales attachent le plus de prix aux intérêts matériels, conspuèrent dans le fond, de leur âme un Roi aussi étranger au sentiment national, et partagèrent l'indignation de Lamarque, déclarant que son règne était une halte dans la boue. Ah ! si, en sortant de faire halte dans la boue, les hommes de désordre ne nous avaient pas amenés à faire route dans le sang ; si au lieu de prodiguer les richesses de la France à faire la coûteuse expérience de leurs folles théories, nous les avions employées sans forfanterie, ni imprudence à faire respecter les droits du faible et de l'opprimé, croit-on que la patrie s'en serait plus mal trouvée? Loin qu'il en soit ainsi, je déclare avec une profonde conviction que c'eût été une ligne de conduite sage et profitable et que la plus grande faute, dans tous les cas, pour un gouvernement français quelconque, est de déroger à cette politique large et généreuse qui fait de tous les peuples opprimés et de ceux qui ne veulent point être oppresseurs, autant d'amis de notre patrie.

J'en ai dit assez dans ces prolégomènes, pour rendre sensible la pensée qui présidera à la partie didactique de mon œuvre dans laquelle il convient d'ailleurs de ne voir qu'un jalon planté sur la route du progrès social; quoi qu'il en soit, dirige-toi sur ce premier repère, Prince du siècle de paix, et entraîne dans cette voie redevenue nouvelle, le peuple apôtre de la civilisation, afin que Dieu n'ait pas sujet de dire de la nation Française, comme il dut le faire de la nation Juive:

« Ils ont régné par eux et non par moi; ils ont
» eu des Princes et je ne les ai point connus;
» ils ont fait de l'or et de l'argent leurs idoles;
» insensés qui courent à leur perte! »

Osée, Chap. VIII. V. 4.

www.ingramcontent.com/pod-product-compliance
Ingram Content Group UK Ltd.
Pitfield, Milton Keynes, MK11 3LW, UK
UKHW031813170726
13836UKWH00003B/1385